FORSCHUNGSBERICHTE DES LANDES NORDRHEIN-WESTFALEN

Nr. 2724/Fachgruppe Maschinenbau/Verfahrenstechnik

Herausgegeben im Auftrage des Ministerpräsidenten Heinz Kühn
vom Minister für Wissenschaft und Forschung Johannes Rau

Prof. Dr. Reimar Pohlman
Dipl.-Phys. Konrad Grünter
Laboratorium für Ultraschall
der Rhein.-Westf. Techn. Hochschule Aachen

Entwicklung eines Ultraschall-Meßverfahrens zur Erfassung des Aushärteverlaufs, Aushärtegrades und Überwachung des Verarbeitungsprozesses von Duroplasten, speziell Epoxydharzen

Westdeutscher Verlag 1978

CIP-Kurztitelaufnahme der Deutschen Bibliothek

Pohlman, Reimar
Entwicklung eines Ultraschall-Messverfahrens
zur Erfassung des Aushärteverlaufs, Aushärtegrades und Überwachung des Verarbeitungs-
prozesses von Duroplasten, speziell Epoxyd-
harzen / Reimar Pohlman; Konrad Grünter. -
1. Aufl. - Opladen: Westdeutscher Verlag, 1978.

   (Forschungsberichte des Landes Nordrhein-
   Westfalen; Nr. 2724 : Fachgruppe Maschinen-
   bau, Verfahrenstechnik)
   ISBN-13: 978-3-531-02724-1   e-ISBN-13: 978-3-322-88399-5
   DOI: 10.1007/978-3-322-88399-5
NE: Grünter, Konrad:

ISBN-13: 978-3-531-02724-1

Inhalt   Seite

1. Einleitung und Problemstellung

In der Kunststoffklasse der Duroplaste nimmt die Gruppe der
Epoxidharze (EP) heute eine bedeutende Stellung ein. Die
großtechnische Verwendung dieser Werkstoffe findet bereits
seit ca. 30 Jahren statt. Die Herstellung der EP-Harze ge-
schieht auf folgende Weise: Zu einem plastomeren, synthe-
tisierten Harz, das pro Molekül mindestens zwei Epoxidringe
als reaktive Gruppen enthält, wird eine geeignete Härterkomponente hinzugegeben und in der gewünschten Form kalt oder
heiß gehärtet. Da Harz und Härter über Polyaddition, also
ohne Abspaltung von Nebenprodukten, miteinander reagieren,
tritt nur ein geringfügiger Volumenschwund auf. Der Zusammen-
halt des Festkörpers ist weitestgehend durch Hauptvalenzbin-
dungen gegeben, so daß die ausgehärteten Produkte auch in der
Wärme nicht mehr plastifizierbar sind. Entsprechend ergibt
sich die vielseitige Anwendung von Epoxidharzen, z.B. als
Formmaterial im Modellbau, Gießharz (besonders in der Elektro-
industrie) und Laminierharz, aber auch als Lackrohstoff und
in Reaktivklebern. [1]

Die Forderung nach reproduzierbarer, optimaler Produktqualität
bedingt den Einsatz von Meßverfahren, die die relevanten Pro-
ze ß kenngrößen im Herstellungsprozeß selbst als auch die Pro-
duktkenngrößen des fertigen Produktes erfassen. Als ganz wich-
tiges Qualitätskriterium zur Beurteilung des Produktes dient
der Aushärtungsgrad, da er alle Eigenschaften der gehärteten
Harze beeinflußt. Der Grad der Aushärtung aber ist abhängig
von den Ausgangsmaterialien und von den Härtungsbedingungen.
Bisher wurde die Aushärtung über die Löslichkeit des Formstoffes [2], über Messung der Restreaktivität z.B. in der
Differential-Thermoanalyse [3], über die Infrarotanalyse oder
gaschromatographisch nachgeprüft. Da aber die Qualität eines
Formstoffes durch solche Messungen allein noch nicht hinrei-
chend beurteilt werden kann, prüft man zusätzlich allgemein
interessierende Eigenschaften, wie z.B. Festigkeit, Wärmeform-
beständigkeit, elektrische Eigenschaften und Maßhaltigkeit, in
denen die Aushärtung mit erfaßt ist.

Da der Aushärtegrad die elastischen Eigenschaften einer Probe
entscheidend bestimmt, liegt es nahe, das akustische Verhalten, das ja eng mit dem dynamisch-elastischen Verhalten zusam-
menhängt, für Epoxidharze zu untersuchen. Die Bedeutung sol-
cher Untersuchungen liegt neben der Ermittlung dynamisch-ela-
stischer Kennwerte auch in der Erforschung des molekularen
Verhaltens, auf das man aus der Frequenzabhängigkeit der Mo-
duln und der zugehörigen Verlustfaktoren schließen kann.

In dieser Arbeit werden die Ergebnisse von Ultraschallmessun-
gen im Impulsecho-Verfahren bei der Frequenz 6 MHz an EP-Har-
zen dargestellt. Ziel der Untersuchungen war es, den Aushärteverlauf und den Aushärtegrad mit ultraakustischen Kennwerten
(Schallgeschwindigkeit, Absorptionskoeffizient) zu erfassen
und zu charakterisieren. Die wichtigsten zu variierenden Parameter waren: EP-Harz-Ausgangsmaterial, Harz/Härter-Verhält-
nis, Temperatur und Meßfrequenz. Wie entsprechende Vorversu-
che ergeben haben, ist die Frequenz 6 MHz als ein Optimum sowohl an Auflösungsvermögen als auch an Reichweite anzusehen.
Auf der Basis dieser experimentellen Untersuchungen sollen
sich Kriterien ableiten lassen zur Überwachung des Verarbei-
tungsprozesses und Kontrolle des Endproduktes im Hinblick auf
optimale Produktqualität. Der Vorteil einer Ultraschallmeß-
methode gegenüber anderen Verfahren besteht darin, daß sie
zerstörungsfrei, äußerst schnell und relativ unkompliziert in
der Handhabung ist.

2. Theoretische Grundlagen

Die Ausbreitung einer Schallwelle im verlustbehafteten Medium
wird durch die meßbaren Größen Schallgeschwindigkeit c (Phasengeschwindigkeit) und Absorptionskoeffizient α beschrieben.
Die Gleichung für die Ausbreitung der Schallwelle lautet
[z.B. 4, Seite 288]:

$$A^*(x,t) = A_o \, e^{-\alpha x} \, e^{i\omega(t - \frac{x}{c})} \tag{1}$$

A : Schwingungsamplitude
A_o: Maximalwert der Amplitude
x : Ortskoordinate
t : Zeit
α : Absorptionskoeffizient, der die Amplitudenabnahme pro
    Wegeinheit beschreibt
c : Phasengeschwindigkeit
ω : Kreisfrequenz

Mit Hilfe der Wellengleichung [25, Seite 288]

$$\rho \, \frac{\partial^2 A^*(x,t)}{\partial t^2} = M^* \, \frac{\partial^2 A^*(x,t)}{\partial x^2} \tag{2}$$

ρ : Materialdichte
M^*: komplexer Modul

lassen sich die Beziehungen zwischen den Meßgrößen α und c
und den Komponenten des Moduls M^* angeben: Für den Realteil
des Moduls M', der auch als Speichermodul bezeichnet wird

$$M' = \rho c^2 \, \frac{1 - r^2}{(1+r^2)^2}, \tag{3}$$

für den Imaginärteil M", auch Verlustmodul genannt

$$M'' = 2\rho c^2 \, \frac{r}{(1+r^2)^2} \tag{4}$$

und für den Verlustfaktor tan δ = M"/M', der ein Maß ist für das Verhältnis der in einer Periode dissipierten zur gespeicherten Energie

$$\frac{M"}{M'} = \frac{2r}{1-r^2}.$$ (5)

Mit $r = \alpha \cdot c/\omega$ und $r^2 \ll 1$ - was für die Messungen in dieser Arbeit zutrifft - reduzieren sich die Beziehungen auf

$$M' = \rho c^2$$ (6)

$$M" = \frac{2\rho c^3 \alpha}{\omega}$$ (7)

$$\frac{M"}{M'} = \frac{2\alpha c}{\omega}$$ (8)

Bei Longitudinalwellen, wie sie in den hier durchgeführten Versuchen verwendet wurden, sind Ausbreitungsrichtung und Schwingungsvektor parallel zueinander, und das Volumenelement erfährt eine Deformation, die als Resultierende aus der Überlagerung einer reinen Scherdeformation und einer allseitigen Kompression bzw. Dilatation dargestellt werden kann. Der wirksame Modul anstelle des allgemeinen Moduls M^* ist der Longitudinalwellenmodul L^*, der sich aus dem Schubmodul G^* und dem Kompressionsmodul K^* zusammensetzt:

$$L^*(\omega) = K^*(\omega) + 4/3\ G^*(\omega)$$ (9)

Entsprechend sind für M' bzw. M" die Komponenten L' bzw. L" des Longitudinalwellenmoduls einzusetzen. Wählt man E^* (Elastizitätsmodul) und μ^* (Querkontraktionszahl oder Poisson-Zahl) als die beiden unabhängigen elastischen Konstanten, so hängen von diesen die übrigen in folgender Weise ab [5, Seite 406]:

$$L' = E' \frac{1-\mu'}{(1+\mu')\ (1-2\mu')}$$ (10)

$$K' = \frac{1}{3} \frac{E'}{1-2\mu'} \tag{11}$$

$$G' = \frac{1}{2} \frac{E'}{1+\mu'} \tag{12}$$

3. Ultraschallmessungen an Epoxidharzen

3.1 Versuchssubstanzen

Für die Durchführung der Versuche wählten wir zwei kalthär-
tende, niedrigviskose Harz/Härter-Systeme:

1) Epoxidharz Beckopox EP 128/Härter Beckopox EH 655. Dieses System wird von der Firma Hoechst AG, Hamburg, her-
   gestellt. Die benötigten Versuchsmengen wurden freund-
   licherweise kostenlos an uns abgegeben. Für das Mischungsverhältnis gilt die Relation, daß auf 100 Gewichtsteile
   Harz 52 Gewichtsteile Härter entfallen. Das Harz ist
   100%ig reaktiv und enthält trotz seiner niedrigen Visko-
   sität keine flüchtigen reaktiven Verdünner. Die interessierenden Kenndaten sind: Epoxid-Äquivalentgewicht =
   190 - 210 g/Äquiv, Dichte (25°C) = 1,1 g/cm^3. Der Härter
   EH 655 ist ein Polyamidoimidazolinhärter. Im ausgehärteten Zustand besitzt das EP-Harz eine Zugfestigkeit von
   500 kp/cm^2 und einen E-Modul (DIN 53457) von 20.000 kp/cm^2.

2) Epoxidharz Araldit N (CY 213) /Härter HY 908. Dieses
   System wird von der Ciba-Geigy AG produziert. Nach dem
   vorgeschriebenen Mischungsverhältnis kommen auf 100 Gewichtsteile Harz 10 Gew. Teile Härter. Das Harz auf der
   Basis von Bisphenol A ist sehr niedrigviskos, ungestreckt
   und modifiziert. Die entsprechenden Kenndaten sind: Epoxid-Äquivalentgewicht = 274 - 308 g/Äquiv, Dichte (25°C)
   = 1,1 g/cm^3.

Bei beiden EP-Harz-Systemen wurde darauf verzichtet, Beschleu-
niger oder Füllstoffe zuzusetzen, um so die Ergebnisse der
Untersuchungen möglichst eindeutig und aussagekräftig zu hal-
ten.

3.2 Probenherstellung

Mit einer Analysenwaage (Auflösungsvermögen: 10^{-3}g) wurde die
Harzkomponente und danach im selben Gefäß die Härterkomponente entsprechend dem gewünschten Mischungsverhältnis abgewogen.
Die Dosierung geschah von Hand mit Hilfe kleiner Plastik-
spritzen. Die Menge des Gesamtansatzes lag bei ca. 20 ml. Eini-
ge Minuten lang mischte ein Rührer die zu Beginn übereinander-
geschichteten EP-Harz-Komponenten, bis der Probenansatz abso-
lut schlierenfrei war. Es wurde sehr darauf geachtet, daß
durch den Mischungsvorgang keine Luftbläschen in die Substanz
gelangten, da sie die Meßergebnisse verfälschen können. Anschließend erfolgte ebenfalls mit einer Spritze die Umfüllung
in die zylinderförmige Probenkammer, an der die Ultraschall-
messungen durchgeführt werden sollten. Das Volumen dieser
Kammer betrug bei einem Durchmesser von 25 mm und einer Dicke
von 10 mm ca. 5 ml. Der Rahmen bestand aus einem Messingring
mit einer Einfüllbohrung, auf dessen Stirnseiten jeweils eine
Kunststoffolie von 35 µm Dicke geklebt worden war.

3.3 Versuchsanordnungen

In Fig. 1 ist eine schematische Darstellung der Versuchsanordnung zur Messung des Aushärteverlaufs von Epoxidharzen zu se-
hen. In einem Meßgefäß (1), das ca. 5 l Thermostatflüssigkeit
(destilliertes Wasser) enthält, befinden sich die Thermostateinheit (2), die Schallköpfe (3,4) und die Meßprobe (5). Die
Thermostateinheit besteht aus den üblichen Komponenten Heiz-
schlange (2a), Umwälzpumpe (2b) sowie Kontaktthermometer (2c).
Die erreichbare Temperaturkonstanz lag bei $\pm$ 0,1°C.

Nach der Einfüllung des jeweiligen EP-Harz/Härteransatzes in
die Probenkammer wurden der Sende- und der Empfängerschallkopf, deren Stirnflächen mit einem Ölfilm (niederviskoses Si-
likonöl) bedeckt waren, an die Kunststoffenster der Kammer
angekoppelt. Die mechanische Befestigung der Schallköpfe wie
auch der Probenkammer geschah mit Hilfe von 3 Metallhülsen,
die außerhalb des Bades auf die gewünschte Position arretiert

werden konnten. Anschließend wurde diese Anordnung (3,4,5) in
das auf Meßtemperatur befindliche Bad eingetaucht und mit der
Messung des Aushärteverlaufs begonnen.

Als Meßprinzip benutzten wir das Impulsecho-Verfahren mit zwei
getrennten Schallköpfen. Hierbei gibt die Sendestufe des Impulsecho-Gerätes (6) einen elektrischen Impuls an den Sende-
schallkopf (3), der ihn in einen mechanischen Impuls transfor-
miert. Dieser läuft mit Schallgeschwindigkeit durch die Versuchssubstanz (5), erreicht den Empfängerschallkopf (4) und
wird dort in ein analoges elektrisches Signal rücktransfor-
miert. Über die im Impulsecho-Gerät integrierten Einheiten
"geeichtes Dämpfungsglied" und "Empfangsverstärker" gelangt
das Signal an den Vertikaleingang des Kathodenstrahlrohres.
Ein Sägezahngenerator und eine Synchronisiereinheit bewirken
eine laufzeitproportionale Horizontalablenkung und erzeugen
auf dem Bildschirm des Oszilloskops ein stehendes Bild. Bei
nicht zu starker Absorption wird der Schallimpuls in der Meßprobe mehrfach zwischen Sender und Empfänger hin- und herre-
flektiert, so daß auf dem Bildschirm eine Echofolge sichtbar
wird, deren zeitlicher Abstand konstant und gleich der Laufzeit des Impulses durch die Meßstrecke ist.

Das benutzte Impulsecho-Gerät ist ein Materialprüfgerät (Be-
zeichnung: MPT 10) der Firma KLN Ultraschallgesellschaft,
Heppenheim. Anstelle einer visuellen Bildschirmauswertung von
Laufzeit und Schalldruckamplitude der Schallimpulse während
der Aushärtung des Epoxidharzes wurden ein Laufzeitmonitor
(7) und ein Amplitudenmonitor (8) eingesetzt. Sie lieferten
kontinuierlich laufzeit- bzw. amplitudenproportionale Span-
nungssignale, die von einem Kompensationsschreiber (9) mit
hoher Auflösung registriert werden konnten. Die verwendeten
6 MHz-Schallköpfe zum Senden und Empfangen longitudinaler
Ultraschallimpulse sind handelsübliche Normalprüfköpfe der
Firma Minhorst Kristallchemie, Meudt (Durchmesser der Schwin-
gerplatte: 10 mm).

Der zweite Teil dieser Arbeit bestand darin zu untersuchen,

ob sich der Aushärtegrad von Epoxidharzen durch Ultraschall-
daten charakterisieren läßt. Zu diesem Zweck stellten wir
planparallele, zylindrische EP-Harz-Proben von 10 mm Dicke
her und unterwarfen sie konstanten Härtungsbedingungen (Här-
tungstemperatur: 50°C, Härtungsdauer: 24 Stunden). Variiert
wurde in definierter Weise das Harz/Härter-Verhältnis des
Probenansatzes, um so unterschiedliche Aushärtegrade zu er-
reichen. Bei Raumtemperatur (23°C) erfolgten dann mit einem
Schallkopf die Laufzeitmessungen an diesen Proben im Impulsecho-Verfahren. Messungen der Absorptionskoeffizienten führten
wir nicht durch, da aufgrund wechselnder Ankopplungsbedingun-
gen des Schallkopfes an die Probe die Echohöhenänderung des
ersten Echoimpulses nicht vergleichbar war, eine Echofolge
hingegen bei der unterschiedlich starken Absorption der Proben nicht immer vorlag.

Zur Bestimmung der Ultraschall-Ausgangswerte, d.h. der Kenndaten getrennt für die Harz- bzw. Härterkomponente und der
Kenndaten des Harz/Härter-Ansatzes vor Beginn der Aushärtung,
wurde ein Versuchsaufbau gewählt, wie er in Fig. 2 schema-
tisch dargestellt ist. Die Messung des Absorptionskoeffizienten und der Schallgeschwindigkeit erfolgte nach dem Impulsecho-Verfahren mit einem Schallkopf und variablem Reflektor-
abstand. Das Versuchsgefäß bestand aus zwei koaxialen Zylin-
dern, von denen der innere die eigentliche Meßzelle bildet
und die Versuchssubstanz (1) enthält. Die Meßzelle wird unten
durch eine 35 um dicke Kunststoffolie (2) abgeschlossen, an
die der Schallkopf (3) mit einem Öl angekoppelt werden kann.
Die Verschiebung des Reflektors (4) um maximal 25 mm erfolgt
mit einer Mikrometerschraube. Die Temperatur in der Versuchssubstanz wird durch das eingetauchte Thermoelement (6) in Ver-
bindung mit dem Kompensationsschreiber (7) registriert. Zur
Temperierung wird ein Umwälzthermostat (9) benutzt. Funktion
und Arbeitsweise des Impulsecho-Gerätes (5) wurden bereits
beim Versuchsaufbau nach Fig. 1 beschrieben. Die Auswertung
erfolgte hier jedoch visuell mittels Bildschirm.

3.4 Ultraschall-Ausgangskenndaten für Epoxidharz/Härter-Systeme

Mit der in Kapitel 3.3 beschriebenen und in Fig. 2 dargestellten Versuchsanordnung wurden die Ultraschall-Ausgangskenndaten getrennt für die Harz- und Härterkomponenten bei der Frequenz 6 MHz ermittelt. Fig. 3 zeigt den Verlauf der Schallgeschwindigkeit c als Funktion der Temperatur θ der Versuchssubstanzen EP 128 und EH 655 bzw. Araldit N und HY 908. Im gemessenen Temperaturbereich ergibt sich eine lineare Abhängigkeit der Schallgeschwindigkeit mit negativem Temperaturgradienten $dc/d\theta$. Die nachfolgende Tabelle enthält die für den Vergleich der Materialien untereinander interessierenden Werte.

Substanzen	c ($\theta = 30^{\circ}C$) [m/s]	$dc/d\theta$ [m/s·$^{\circ}$C]
EP 128	1585	- 3,5
EH 655	1528	- 2,8
EP 128/EH 655 (100/52)	1555	- 3,2
Araldit N	1567	- 3,4
HY 908	1368	- 3,4
Araldit N/HY 908 (100/10)	1550	- 3,4

Man erkennt, daß die Schallgeschwindigkeitswerte der Harze generell größer sind als die der Härter. Die Schallgeschwindigkeit der Harz/Härter-Mischungen liegen - wie zu erwarten - dem Mischungsverhältnis entsprechend dazwischen. Bemerkenswerterweise bringen die unterschiedlichen Mischungsverhältnisse (100/52 bzw. 100/10 Gew. Teile) die Komponenten gerade

so zusammen, daß die beiden Ansätze in ihren Schallgeschwin-
digkeiten fast identisch sind. Dieses Ergebnis sollte zum An-
laß genommen werden, weitere Epoxidharz/Härter-Ansätze da-
raufhin zu untersuchen. Die Möglichkeit, mit einer Schallge-
schwindigkeitsmessung Aussagen über optimalen Mischungsan-
satz machen zu können, dürfte für die Meß- und Regelungstech-
nik von großer Bedeutung sein.

In Fig. 4 ist der Absorptionskoeffizient α über der Temperatur
θ für die entsprechenden Harz- bzw. Härterkomponenten aufgetragen. Mit zunehmender Temperatur zeigt α eine exponentielle
Abnahme. Der Wert des Absorptionskoeffizienten ist - wie entsprechende Messungen erwartungsgemäß bestätigten - frequenzab-
hängig und nimmt zu niedrigeren Frequenzen hin stark ab. Während der Kurvenverlauf für EP 128 und EH 655 identisch ist,
differieren Araldit N und HY 908, wobei das Harz die größere
Änderung des Absorptionskoeffizienten im untersuchten Temperaturbereich aufweist. Für alle Komponenten ergibt sich bei 30°C
ein annähernd gleicher Wert von ca. 3,4 dB/cm.

3.5 Charakterisierung des Aushärteverlaufs

Die meßtechnische Erfassung des Aushärteverlaufs von Epoxidharzen, d.h. die Bestimmung der Schallgeschwindigkeit c und
der Absorptionsänderung $\Delta\alpha$ als Funktion der Zeit, geschah mit
der Versuchsandordnung, die in Fig. 1 dargestellt ist und in
Kapitel 3.3 beschrieben wurde. Parameter dieser Untersuchungen
war die Temperatur θ; gemessen wurde an den Epoxidharzen der
Ciba Geigy AG (Araldit N/HY 908, Mischungsverhältnis in Gew.
Teilen: 100/10) und der Hoechst AG (Beckopox EP 128/EH 655,
Mischungsverhältnis in Gew. Teilen: 100/52).

Die zur Berechnung der Schallgeschwindigkeit c [m/s] bzw.
Absorptionsänderung $\Delta\alpha$ [dB/cm] aus den unmittelbaren Meßgrös-
sen Laufzeit τ [s] bzw. Absorptionsänderung $\Delta\alpha'$ [dB] erfor-
derliche Messung des Schallweges s [cm] geschah als Dicken-
messung mit einer Mikrometerschraube an der ausgehärteten

Epoxidharzprobe. Der bei der Härtungsreaktion auftretende Volumenschwund war für die untersuchten Materialien so gering, daß er bei den Berechnungen vernachlässigt werden konnte. Experimentell wurde dies dadurch bestätigt, daß eine Unterbrechung des Schalldurchganges bei Verwendung eines dünnen Ölfilms als Koppelmedium zwischen Schallkopf und Probe zu keinem Zeitpunkt während der Messung stattfand.

In Fig. 5 ist die Schallgeschwindigkeit c, in Fig. 6 die Absorptionsänderung $\Delta\alpha$ als Funktion der Zeit t für drei verschiedene Temperaturen (30° - 50°C) aufgetragen. Fig. 7 zeigt sowohl die Schallgeschwindigkeit als auch die Absorptionsänderung für $\theta = 20^{\circ}$C. Da die Kurvenverläufe der beiden untersuchten Epoxidharze qualitativ übereinstimmen, sollen die gemeinsamen Ergebnisse am Beispiel des Systems Araldit N/HY 908 (100/10) diskutiert werden.

Erwartungsgemäß geben die Kurven die Abhängigkeit der Geschwindigkeit der chemischen Härtungsreaktion von der Wärmezufuhr wieder. Ist bei 50°C die Reaktion schon nach ca. 16 Stunden abgeschlossen, so dauert sie bei einer Temperatur von 20°C schon etwa 90 Stunden. Die thermodynamische Zustandsgröße "Temperatur" bestimmt entscheidend den Aushärteverlauf, wie er mit ultraakustischen Kenndaten erfaßt wird. Sie entscheidet über die zeitliche Lage des Absorptionsmaximums, das sich mit zunehmender Temperatur zu kürzeren Zeiten hin verschiebt, und dessen Gestalt, die sich zu niederen Temperaturen hin deutlich verbreitert.

Die Genauigkeit der Absorptionsänderungsmessung wird am stärksten beeinträchtigt durch die Impulsverformung im Bereich maximaler Absorption und liegt bei etwa 10%. Bezüglich des Absolutwertes der Absorption ist zu beachten, daß sich die akustische Schallkennimpedanz $Z = \rho \cdot c$ (ρ:Dichte, c: Schallgeschwindigkeit) der Epoxidharzprobe von $Z = 1,7$ kg/m$^2 \cdot$s zu Beginn der Härtungsreaktion nach $Z = 3,5$ kg/m$^2 \cdot$s im ausgehärteten Zustand verschiebt. Da die Schallkennimpedanz die Durchlässigkeit bzw. Reflexion des Schallimpulses an der Meß-

probe bestimmt, enthält die Meßkurve einen Anteil, der nicht
auf Absorption sondern Veränderung des Schalldurchganges zu-
rückzuführen ist. Dieser Anteil beträgt insgesamt etwa 2 dB.

Da der Verlauf der Meßkurven (Fig. 5 - 7) - wie bereits ausge-
führt - sehr stark temperaturabhängig ist, war während der Messung unbedingte Temperaturkonstanz erforderlich. Diese wurde
mehrmals mit einem in der Probenkammer befindlichen Thermoelement kontrolliert. Es zeigte sich stets, daß die bei der Härtungsreaktion auftretende exotherme Wärmetönung so gering war,
daß keine Temperaturerhöhung registriert werden konnte.

In Fig. 8 ist die zeitliche Lage der Absorptionsmaxima in Abhängigkeit von der Temperatur für das Epoxidharz der Ciba AG
bzw. der Hoechst AG aufgetragen. Diese Darstellung macht deutlich, daß die Substanz Araldit N/HY 908 (100/10) wesentlich
längere Aushärtezeiten benötigt als Beckopox EP 128/EH 655
(100/52). Der Kurvenverlauf ist von exponentieller Art und bestätigt die von IMHOF [6] aufgestellte Gleichung, wonach die
Härtezeit t von der Temperatur θ wie folgt abhängt:

$$t = e^{k\ (\theta_o - \theta)} \tag{13}$$

k = d ln$t$/dθ ist die für den Harztyp charakteristische Größe
(siehe Tabelle S. 14); θ_o ist die Temperatur, die nötig ist
um das Harz z.B. in einer Sekunde auszuhärten.

Mit dem Absorptionsmaximum hängt der Verlauf der Schallgeschwindigkeit, die dort ihre größte Änderung erfährt, eng zusammen (Fig. 5, 7). Als Maß hierfür sei der positive Gradient
dc/dt [m/s^2] (siehe Tabelle S. 14) definiert, der mit zunehmender Temperatur ebenfalls deutlich wächst.

Das Ende der Härtungsreaktion ist dadurch gekennzeichnet, daß
in Abhängigkeit von der Temperatur Schallgeschwindigkeit und
Absorptionskoeffizient konstante Werte annehmen, die sich im
weiteren Zeitablauf nicht mehr ändern. Fig. 9 zeigt die Schallgeschwindigkeit c und die Absorptionsänderung $\Delta\alpha$ als Funktion
der Temperatur für die zwei untersuchten Epoxidharz-Systeme im

ausgehärteten Zustand. Während die Schallgeschwindigkeitswerte der beiden Substanzen zu Beginn der Härtungsreaktion (siehe Fig. 3) im Rahmen der Meßgenauigkeit, die etwa 0,5% beträgt, fast identisch sind, so differieren die Werte der ausgehärteten Proben um 130 m/s. Ebenfalls identisch sind die beiden Gradienten $dc/d\theta$ (siehe untenstehende Tabelle). Im Gegensatz zum Absorptionsverhalten der Epoxidharz-Systeme vor der Aushärtung (siehe Fig. 4) zeigen die ausgehärteten Proben eine exponentielle Zunahme der Absorption mit steigender Temperatur. Bemerkenswert ist auch, daß im untersuchten Temperaturbereich extrem große Änderungen des Absorptionskoeffizienten (bis 15 dB/cm) gemessen wurden. Hierbei liegen die Betragswerte für Beckopox EP 128/EH 655 (100/52) oberhalb der Werte für Araldit N/HY 908 (100/10). In der nachfolgenden Tabelle sind die wichtigsten, den Aushärterverlauf charakterisierenden Kenngrößen zusammengestellt:

Kenngröße	EP 128/EH 655 (100/52)	Araldit N/HY 908 (100/10)
$k = \dfrac{d\ln t}{d\theta}[1/^{\circ}C]$	$4.5 \cdot 10^{-2}$	$6,2 \cdot 10^{-2}$
$\dfrac{dc}{dt}:$ $20^{\circ}C$	$16 \cdot 10^{-3}$	$7 \cdot 10^{-3}$
$[m/s^2]$ $30^{\circ}C$	$23 \cdot 10^{-3}$	$13 \cdot 10^{-3}$
$40^{\circ}C$	$39 \cdot 10^{-3}$	$29 \cdot 10^{-3}$
$50^{\circ}C$	$69 \cdot 10^{-3}$	$69 \cdot 10^{-3}$
$\dfrac{dc}{d\theta}\,[m/s \cdot {}^{\circ}C]$	$6,25$	$6,25$
$c\,(\theta = 30^{\circ}C)$ $[m/s]$	2255	2385

Die bisher diskutierten Meßergebnisse des Aushärteverlaufs
gingen von den Mischungsverhältnissen zwischen Epoxidharz und
Härter aus, die von den Herstellerfirmen angegeben waren. Es
wurden aber auch Versuche mit geändertem Mischungsverhältnis
durchgeführt. Als Beispiel dient die Darstellung in Fig. 10.
Sie gibt die Schallgeschwindigkeit und Absorptionsänderung als
Funktion der Zeit für das System Araldit N/HY 908 bei 50°C
Aushärtetemperatur wieder. Der Härteranteil wurde um 25% redu-
ziert, was einem Mischungsverhältnis von 100 Gew. Tle. Harz
und 7,5 Gew. Tle. Härter entspricht. Als generelle Tendenz
dieser Untersuchungen wurde deutlich, daß sich bei abnehmen-
der Härterkomponente die Absorptionskurve verbreitert und sich
das Maximum zu größeren Zeiten hin verschiebt. Entsprechend
verringerte sich der Gradient dc/dt. Bei diesem Ansatz erfolgte aber noch eine vollständige Aushärtung, was sich aus dem
Vergleich der Endwerte mit den entsprechenden aus Fig. 5 und 6
ergibt. Die weitere Reduzierung der Härterkomponente führte zu
einer unvollständigen Härtungsreaktion. Dies äußerte sich sowohl in einer geringeren Absorptionsänderung $\Delta\alpha$ als auch in einem niedrigeren Endwert der Schallgeschwindigkeit c. Im näch-
sten Kapitel wird dieser Aspekt noch nähergehend behandelt.

3.6 Bestimmung des Aushärtegrades

Messungen zur Bestimmung des Aushärtegrades wurden der Be-
schreibung in Kapitel 3.3, Seite 9, entsprechend durchgeführt.
Die Ergebnisse sind in Fig. 11 dargestellt. Dort ist die
Schallgeschwindigkeit als Funktion des relativen Härteranteils aufgetragen. Ausgangspunkt war das nominale Harz/Här-
ter-Mischungsverhältnis von 100/52 Gew. Teilen für das Material der Hoechst AG bzw. 100/10 Gew. Teilen für das der Ciba
Geigy AG. Der Bereich des relativen Härteranteils erstreckt
sich bis + 100%, d.h. Verdopplung, der Härterkomponente im
linken bzw. - 75% im rechten Diagramm.

Die Untersuchungen zum Aushärteverlauf zeigten, daß das Ende
der Härtungsreaktionen charakterisiert ist durch den maxima-
len, zeitlich konstanten Betragswert der Schallgeschwindigkeit

c. Nach Gleichung (6), Seite 4, ist somit auch der Wert des
Moduls maximal. Da aber die elastischen Eigenschaften eines
Epoxidharzes , gekennzeichnet durch die Modulwerte, weitgehend
vom Grad der Aushärtung bestimmt werden, ergibt sich zwangs-
läufig der Zusammenhang zwischen Schallgeschwindigkeit und
Aushärtegrad. Folgende weitergehende Aussage ist aufgrund der
Meßergebnisse möglich: Für eine bestimmte Temperatur und ein
bestimmtes Material steigt mit zunehmendem Wert der Schallgeschwindigkeit der Grad der Aushärtung und umgekehrt.

Bei dem Epoxidharz EP 128/EH 655 nimmt die Schallgeschwindigkeit bzw. der Aushärtungsgrad mit zunehmendem Härteranteil
nahezu linear ab. An Araldit N/HY 908 hingegen wurde in diesem Bereich eine geringe, aber doch deutliche Zunahme der
Schallgeschwindigkeit gemessen, d.h. Härterzugabe in diesem
Umfang bewirkt eine weitere Verbesserung der elastischen Eigenschaften.

Bei abnehmendem Härteranteil bis 25% zeigten beide Materiali-
en kaum eine Änderung der Schallgeschwindigkeitswerte. Hier-
aus ergibt sich eventuell die Möglichkeit, mit geringerem Härteranteil die selben elastischen Eigenschaften des ausgehärteten Produktes zu erzielen. Die weitere Reduzierung des Härteranteils führte jedoch zu deutlich niedrigeren Schallgeschwin-
digkeiten, wobei das Material EP 128/EH 655 im Bereich 50 -
75% die größere Änderung aufwies. Dieser Effekt wie auch das
unterschiedliche Verhalten der zwei Substanzen bei zunehmendem
Härteranteil müssen auf den jeweiligen individuellen Bindungs-
mechanismus bei der Härtungsreaktion zurückgeführt werden.

3.7 Vergleichende Untersuchungen

In Zusammenarbeit mit dem Institut für Kunststoffverarbeitung,
RWTH Aachen, wurden Messungen am System Araldit N/HY 908
(100/10) durchgeführt, deren Ergebnisse mit den Ultraschall-
meßergebnissen zum Aushärteverlauf und Aushärtegrad verglichen
werden sollten. Als direkte physikalische Methode bot sich

die Aufnahme des Infrarotabsorptionsspektrums an, wobei die
für die Epoxidgruppen charakteristische Bande bei 915 cm^{-1}
(10,93 µm) gewählt wurde [7/S. 63]. Die Extinktion der zu mes-
senden Probe, die sich als dünner Film zwischen zwei KBr-
Kreisscheiben befand, ergibt sich nach:

$$E = \ln \frac{Io}{I} \text{ , wobei } I = Ioe^{-\varepsilon dc} \tag{14}$$

mit E = Extinktion
     Io = Einstrahlungsintensität
     I = Intensität hinter der Probe
     ε = Extinktionskoeffizient
     d = Probendicke
     c = Konzentration der Streuzentren

Leider führten die Extinktionsmessungen zu keinerlei befriedi-
genden Aussagen, da bereits nach maximal 2 Stunden, also weit
vor dem Aushärtungsende, keine Extinktion der Bande durch das
Infrarot-Gerät mehr meßbar war. Dies deckt sich mit den Ergeb-
nissen von LÜTTGERT und BONART, wie sie sie mit dem IR-Gerät
an einem heißhärtenden EP-Harz erzielten [8].

Aus Zeitgründen war es im Rahmen dieses einjährigen Forschungs-
vorhabens nicht mehr möglich, andere Vergleichsmessungen durch-
zuführen. Es würden sich dafür besonders eignen:
- Messung des Brechungsindices [9]
- Messung der Dielelektrizitätskonstanten bzw.
  des dielektrischen Verlustfaktors [z.B. 10]
- Messung mechanischer Eigenschaften (Elastizität,
  Torsionsverhalten, Starrheit) [11, 12]

4. Zusammenfassung

In dieser Arbeit werden die Ergebnisse von Ultraschalluntersuchungen an zwei kalthärtenden Epoxidharzen (Araldit N/HY 908 und Beckopox EP 128/EH 655) vorgestellt. Bei einer Meßfrequenz von 6 MHz benutzten wir das Impulsecho-Verfahren. Dies ist ein Meßverfahren, das auf dem Gebiet der zerstörungsfreien Werkstoffprüfung breiteste Anwendung findet. Als notwendige Voruntersuchungen wurden die Ultraschall-Ausgangswerte, d.h. die Kenndaten getrennt für die Harz- bzw. Härterkomponenten und die Kenndaten der Harz/Härter-Ansätze vor Beginn der Aushärtung, ermittelt. Die Messungen der Schallgeschwindigkeit und des Absorptionskoeffizienten während der Aushärtung zeigten, daß der jeweilige Aushärteverlauf in eindeutiger und charakteristischer Weise erfaßt wird. Erwartungsgemäß erwies sich hierbei die Temperatur als der wesentlichste Parameter. Die erzielten Meßergebnisse im Hinblick auf eine Bestimmung des Aushärtegrades zeigen die Möglichkeit auf, den Wert der Schallgeschwindigkeit als ein Maß für den Grad der Aushärtung heranzuziehen. Ob diesbezüglich auch eine Auflösungsgenauigkeit erreicht wird, die im Hinblick auf den praktischen Einsatz zur Kontrolle der Produktqualität interessant ist, muß anhand weiterer Untersuchungen geklärt werden. Wichtig ist dabei, daß aussagekräftige vergleichende Messungen nach anerkannten Meßverfahren durchgeführt werden. Die in dieser Arbeit angewandte Methode der Infrarotanalyse war dafür nicht geeignet.

5. Literatur

[1]: Schreyer, G.:
Konstruieren mit Kunststoffen. -
München: Hauser 1972

[2]: Wallhäußer, H.:
Bewertung von Formteilen aus härtbaren
Kunststoff-Formmassen
München: Hauser 1967

[3]: Nachtrab, G.:
Kunststoffe, 60,261 (1970)

[4]: Litovitz, T. A. u. Davis, C. M.:
Physical Acoustics, Vol. II, Teil A
Hrsg.: W. P. Mason, Academic Press,
New York und London, 1965

[5]: Oberst, H.:
Kunststoffe, Bd. 1
Hrsg.: K. A. Wolf, Springer-Verlag
Berlin, Göttingen, Heidelberg, 1962

[6]: Imhof, A.:
Hochspannungsisolierstoffe
Karlsruhe: Braun 1957

[7]: Jahn, H.:
Epoxidharze
VEB Deutscher Verlag für Grundstoffindustrie
Leipzig, 1969

[8]: Lüttgert, K.E. und Bonart, R.:
Untersuchung der Aushärtung von Epoxidharzen
Colloid & Polymer Sci, 254, 310 - 318 (1976)

[9]: Dannenberg, H.:
    SPE-J. 15, 875 (1959)

[10]: Delmonte, J.:
    J. Applied Polymer Sci. 2, 108 (1959)

[11]: Kline, D. E.:
    J. Applied Polymer Sci. 4, 123 (1960)

[12]: Pohl, G.:
    Plaste und Kautschuk 11, 143 (1964)

6. Bildanhang

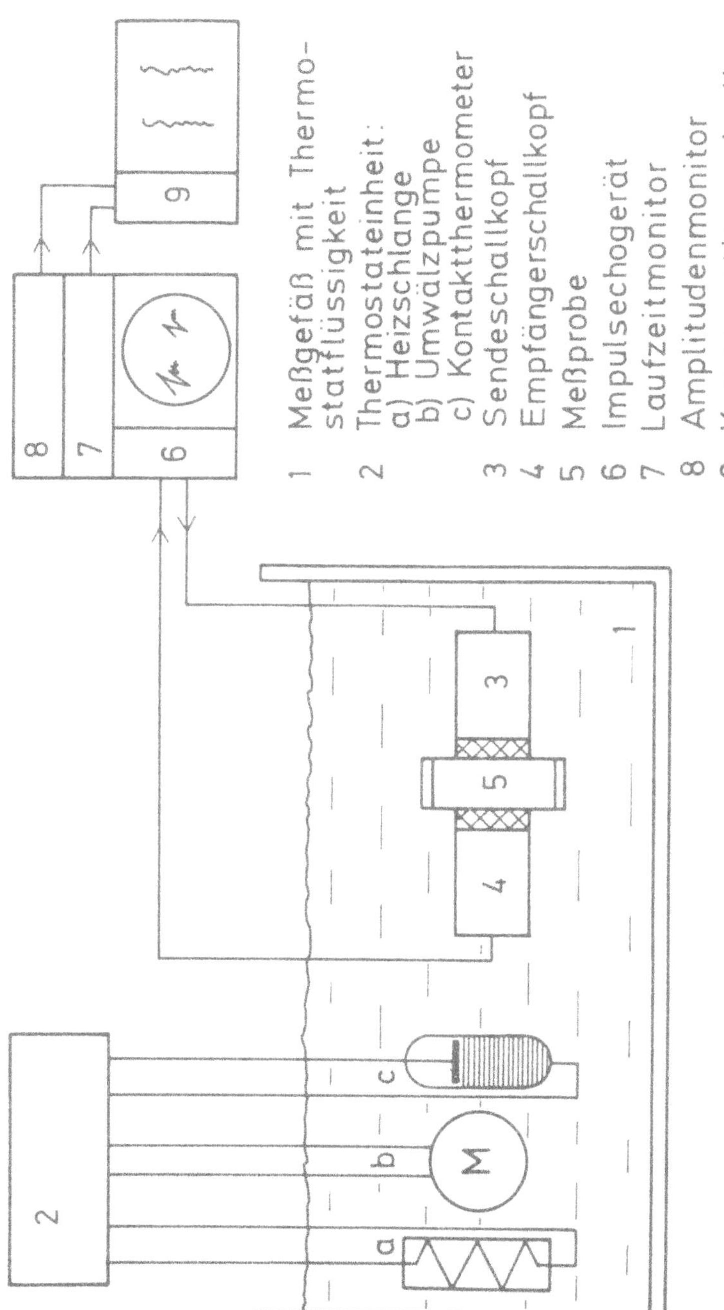

Fig. 1: Versuchsanordnung zur Messung des Aushärteverlaufs von Epoxidharzen

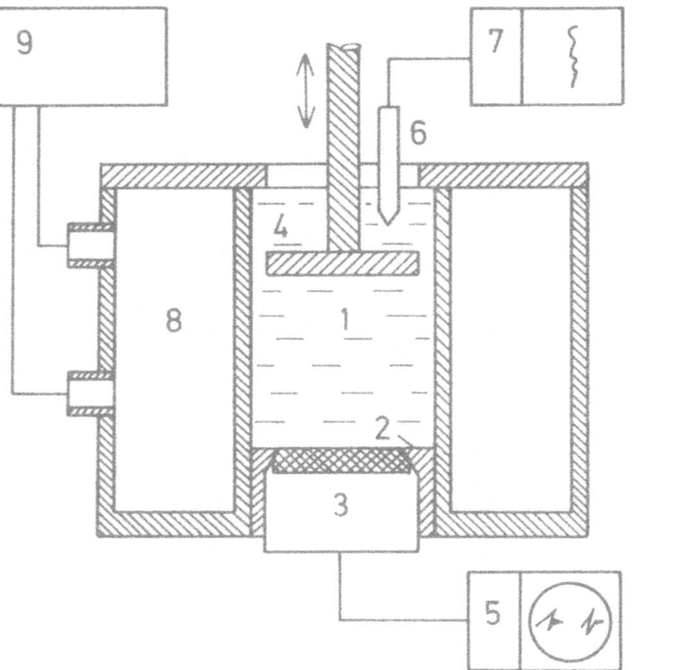

Fig. 2: Versuchsanordnung zur Messung der Ausgangskenndaten
von Epoxidharz/Härter-Systemen

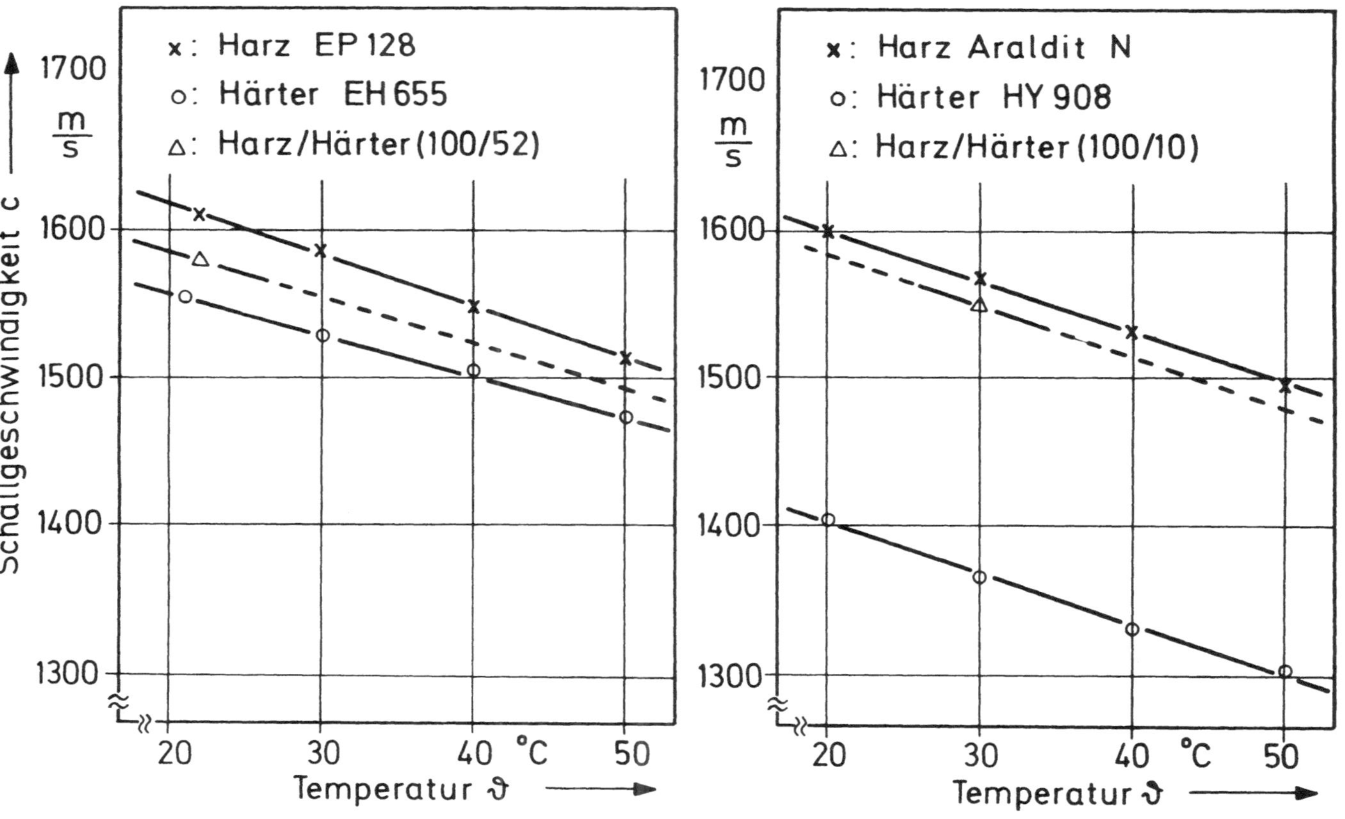

Fig. 3: Schallgeschwindigkeit als Funktion der Temperatur
für die Komponenten der Epoxidharz/Härter-Systeme

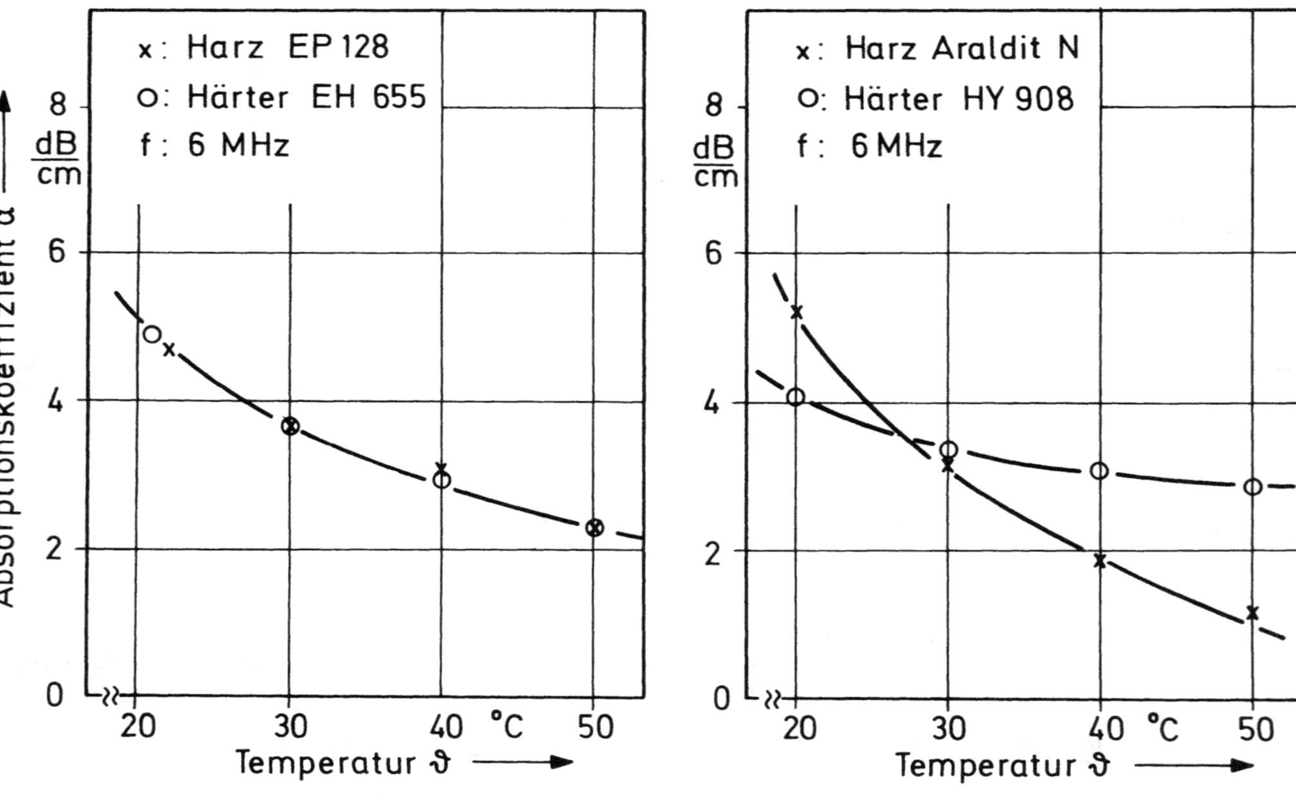

Fig. 4: Absorptionskoeffizient als Funktion der Temperatur
für die Komponenten der Epoxidharz/Härter-Systeme

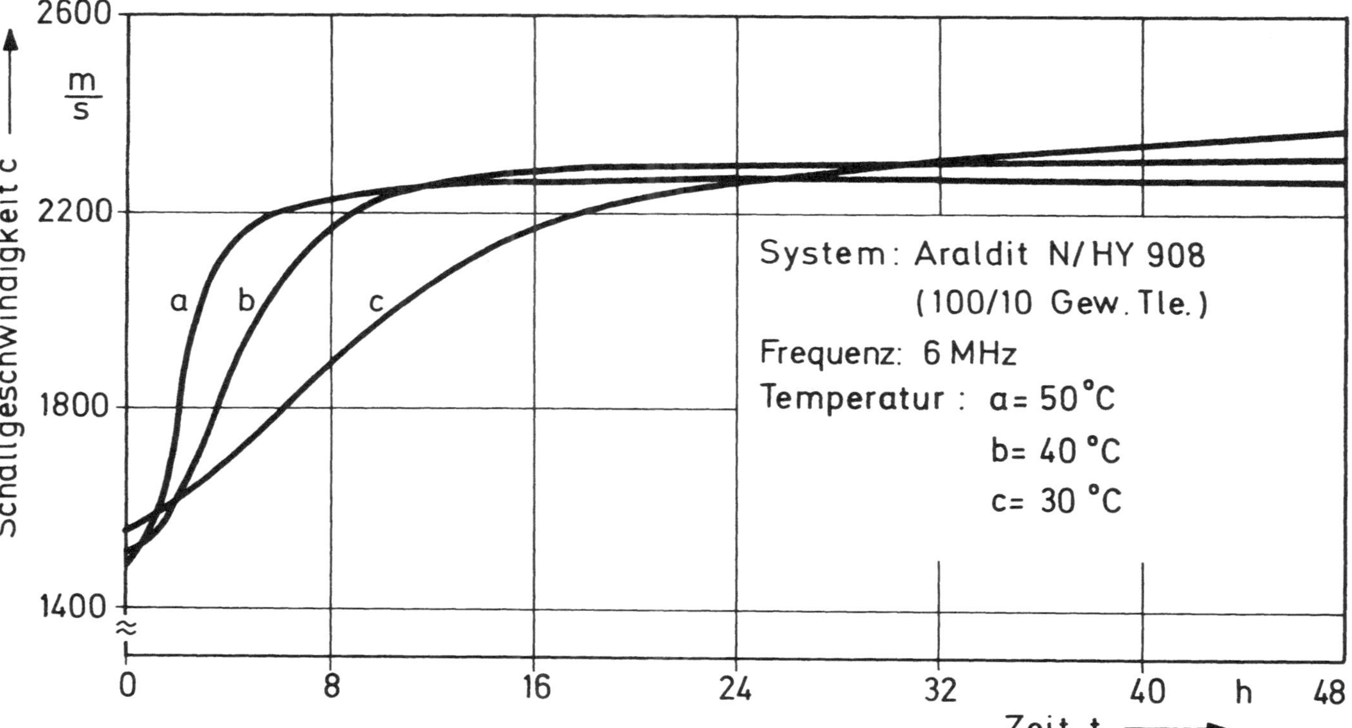

Fig. 5: Schallgeschwindigkeit als Funktion der Zeit bei verschiedenen Härtungstemperaturen

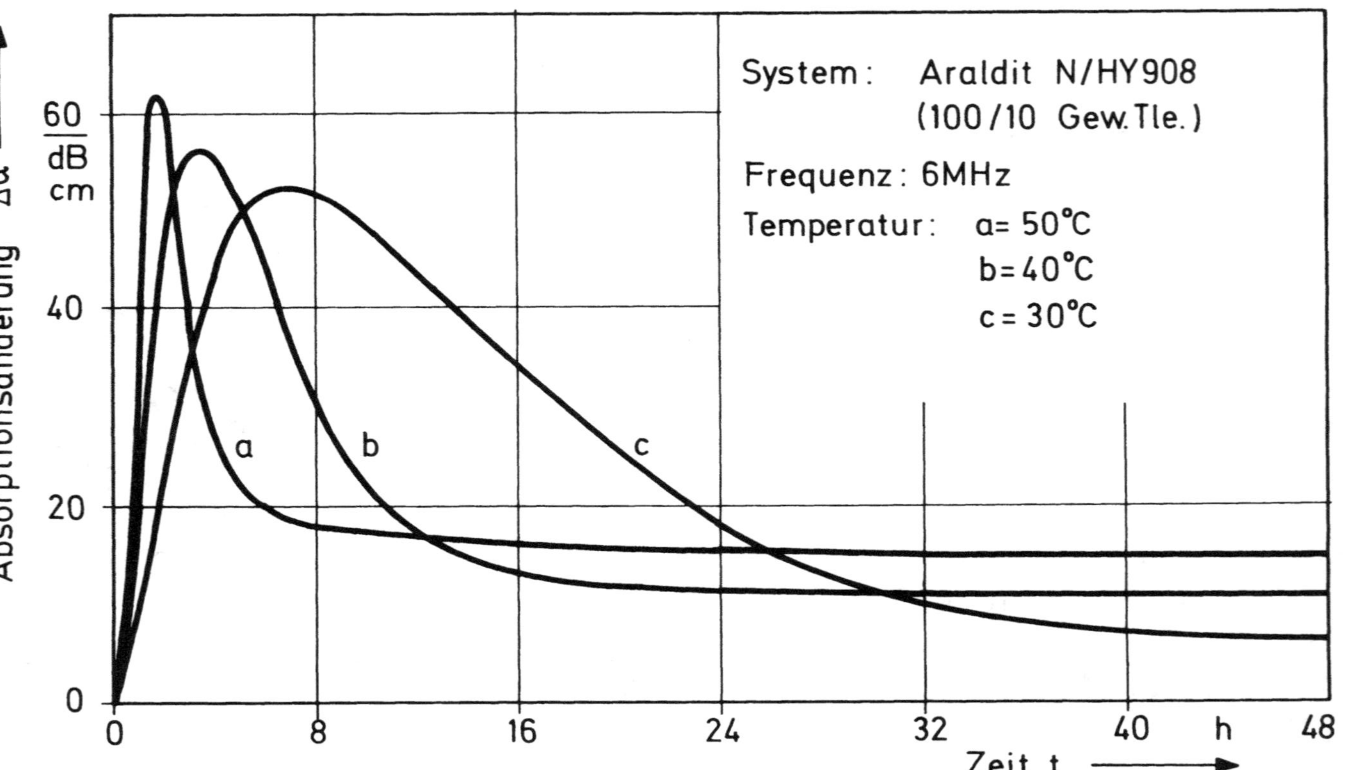

Fig. 6: Absorptionsänderung als Funktion der Zeit bei verschiedenen Härtungstemperaturen

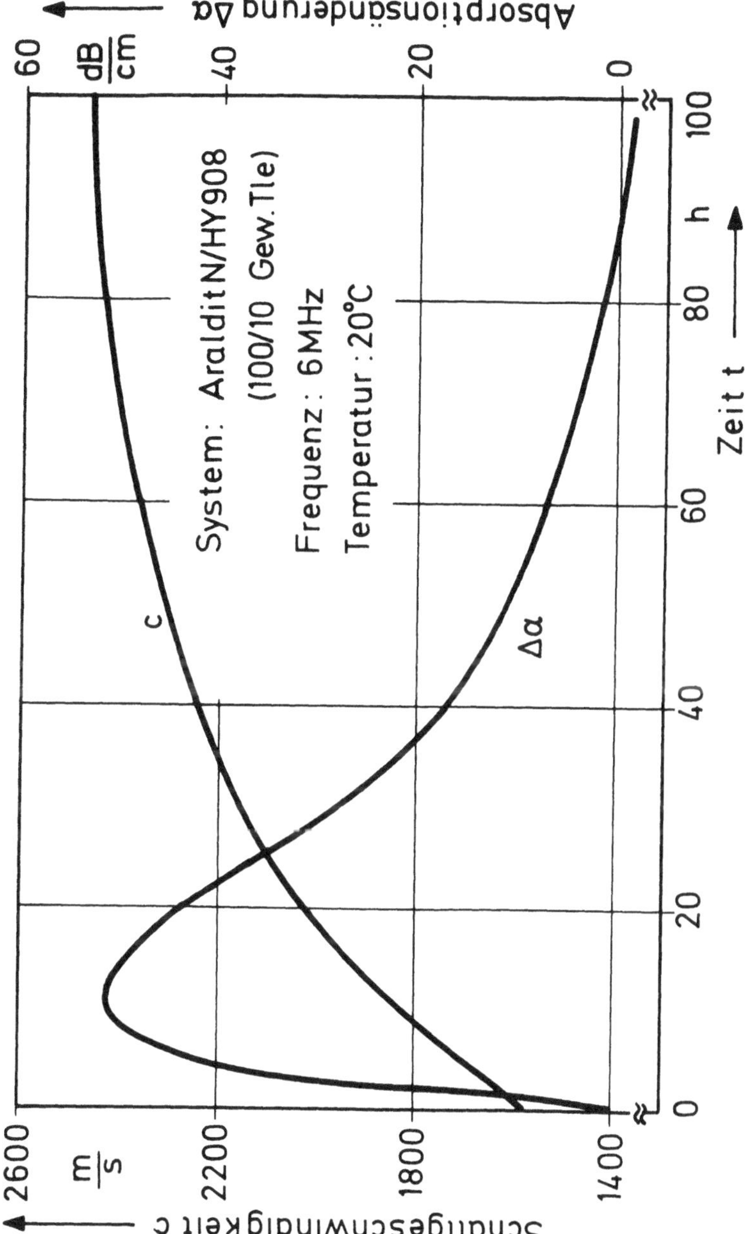

Fig. 7: Schallgeschwindigkeitund Absorptionsänderung als
Funktion der Zeit

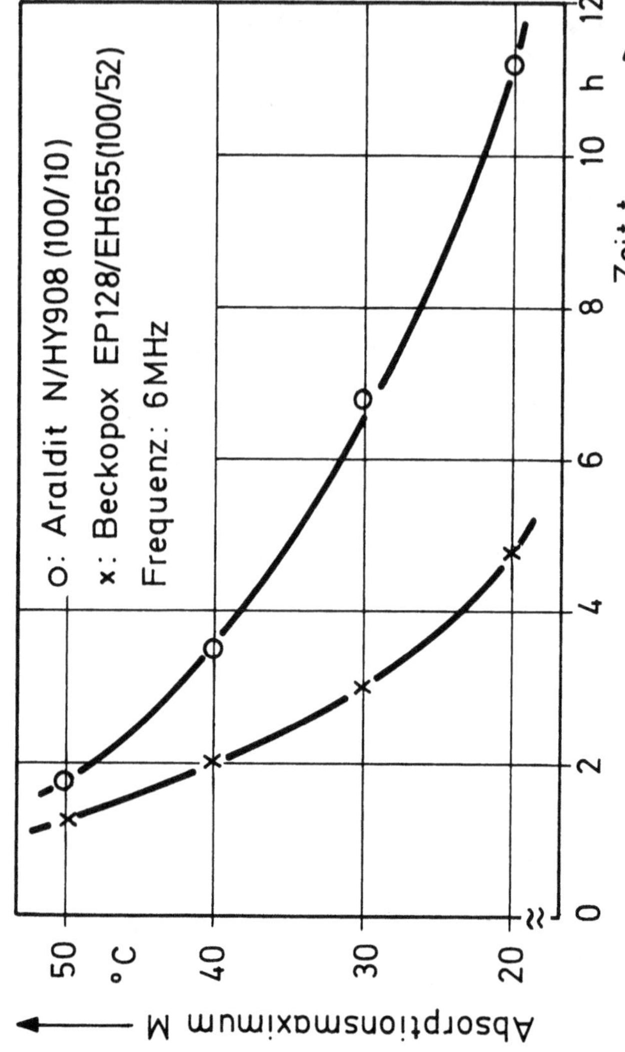

Fig. 8: Temperaturabhängiges Absorptionsmaximum als Funktion der Zeit

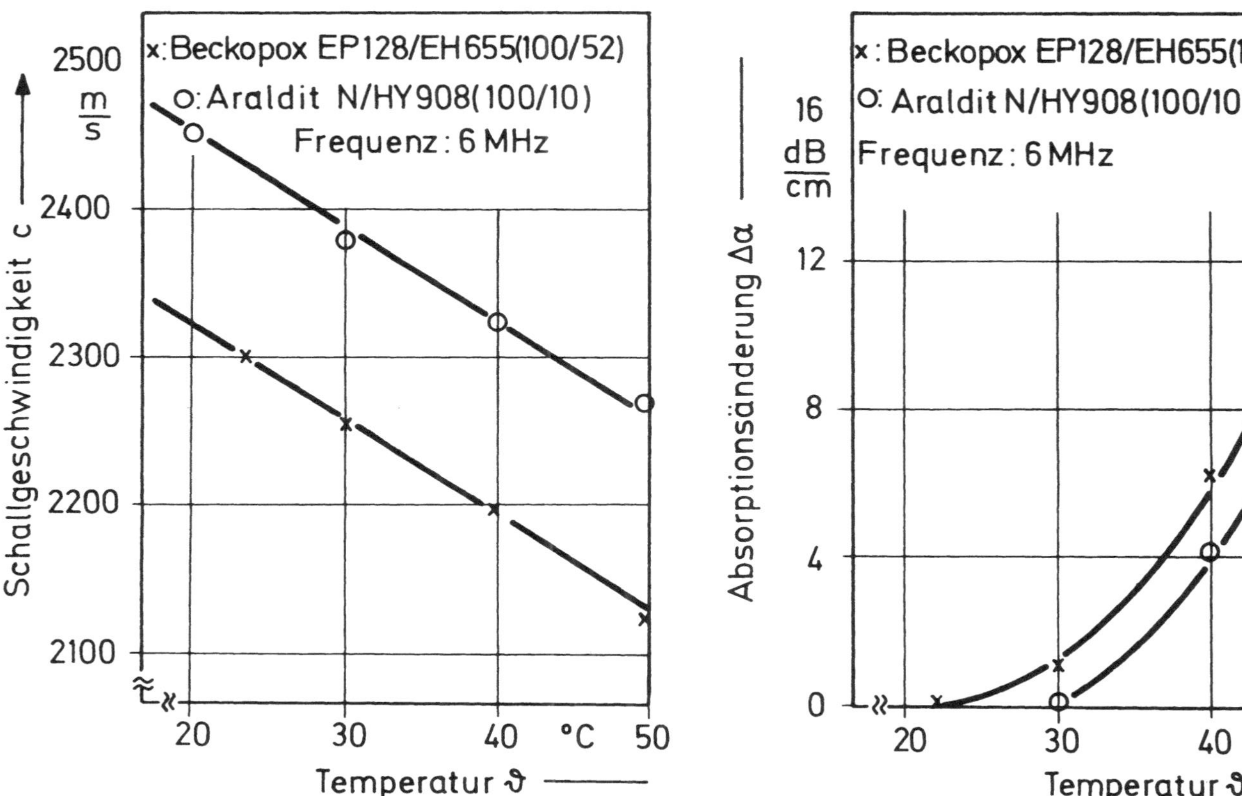

Fig. 9: Schallgeschwindigkeit und Absorptionsänderung als Funktion der Temperatur für zwei ausgehärtete Epoxidharze

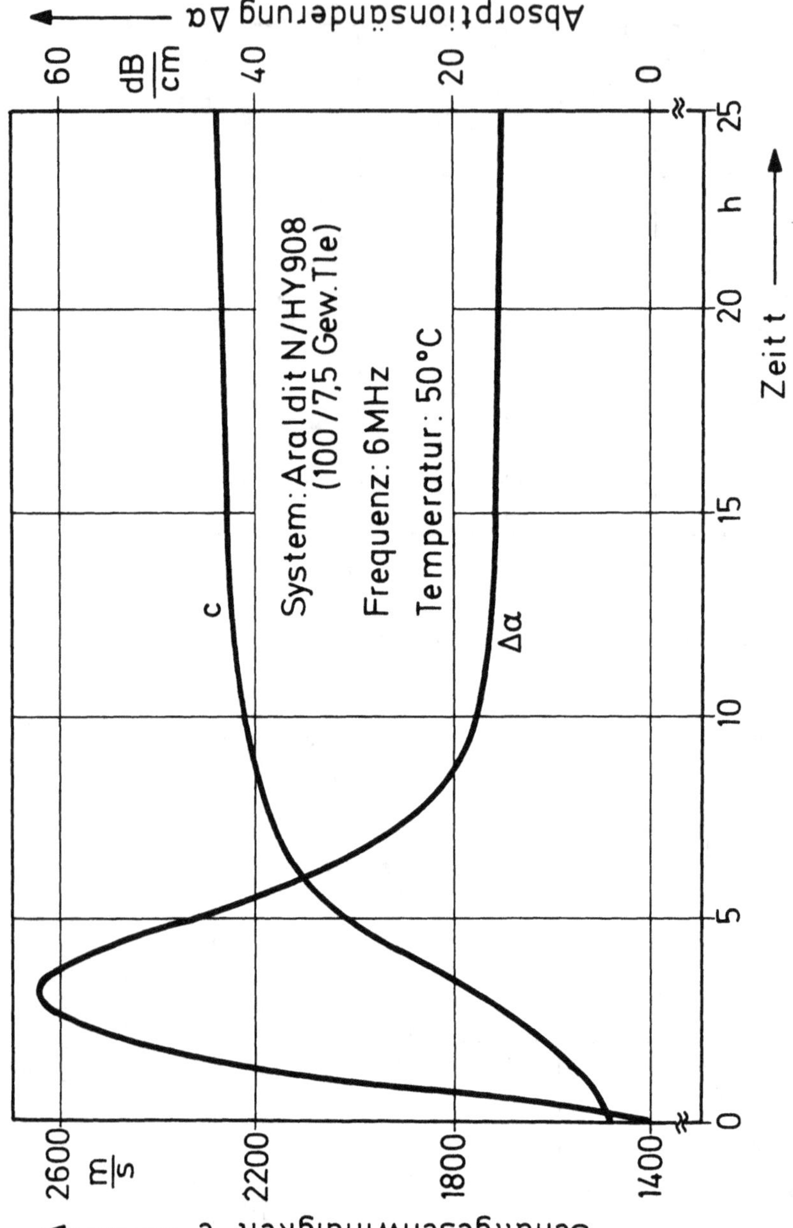

Fig.10: Schallgeschwindigkeit und Absorptionsänderung als Funktion der Zeit

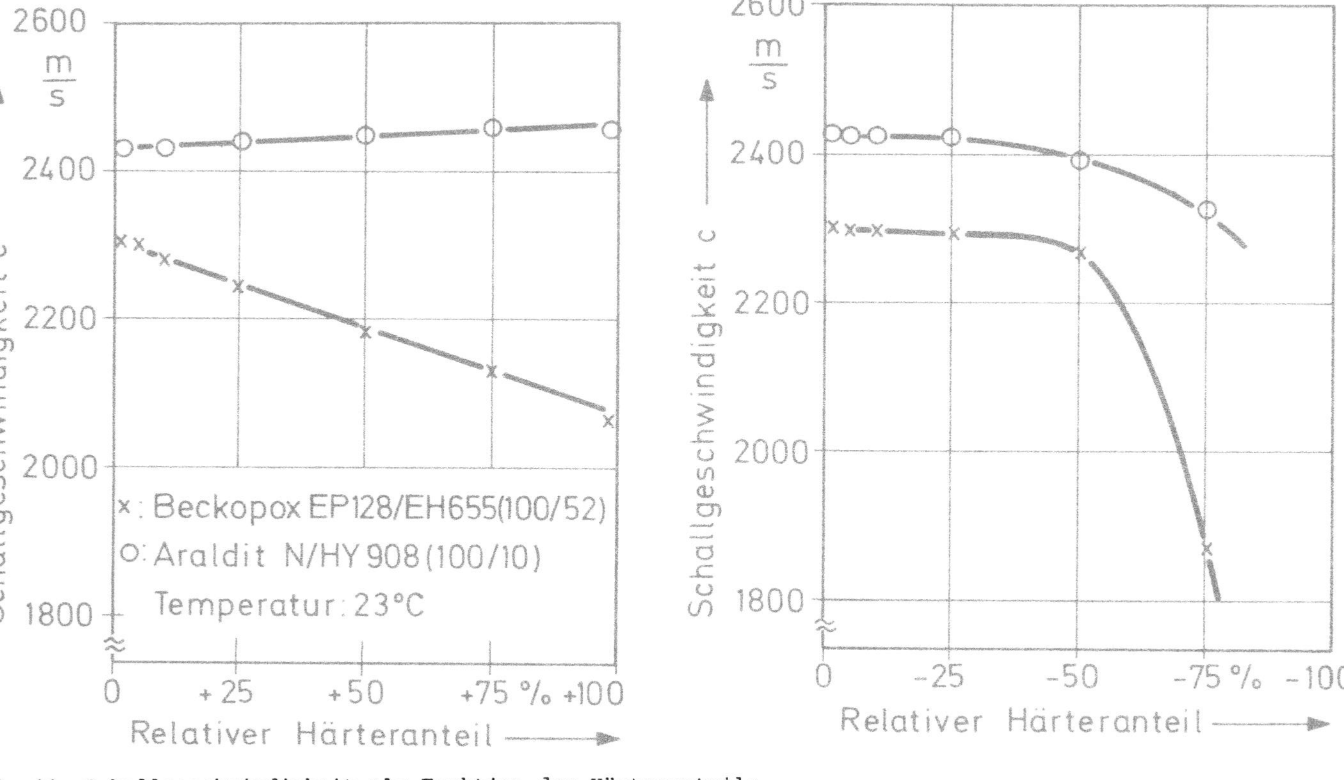

Fig.11: Schallgeschwindigkeit als Funktion des Härteranteils, ausgehend vom nominalen Mischungsverhältnis

FORSCHUNGSBERICHTE
des Landes Nordrhein-Westfalen

Herausgegeben
im Auftrage des Ministerpräsidenten Heinz Kühn
vom Minister für Wissenschaft und Forschung Johannes Rau

Die „Forschungsberichte des Landes Nordrhein-Westfalen" sind in
zwölf Fachgruppen gegliedert:

Geisteswissenschaften
Wirtschafts- und Sozialwissenschaften
Mathematik / Informatik
Physik / Chemie / Biologie
Medizin
Umwelt / Verkehr
Bau / Steine / Erden
Bergbau / Energie
Elektrotechnik / Optik
Maschinenbau / Verfahrenstechnik
Hüttenwesen / Werkstoffkunde
Textilforschung

Die Neuerscheinungen in einer Fachgruppe können im Abonnement
zum ermäßigten Serienpreis bezogen werden. Sie verpflichten sich
durch das Abonnement einer Fachgruppe nicht zur Abnahme einer
bestimmten Anzahl Neuerscheinungen, da Sie jeweils unter
Einhaltung einer Frist von 4 Wochen kündigen können.

WESTDEUTSCHER VERLAG
5090 Leverkusen 3 · Postfach 300 620

GPSR Compliance
The European Union's (EU) General Product Safety Regulation (GPSR) is a set
of rules that requires consumer products to be safe and our obligations to
ensure this.

If you have any concerns about our products, you can contact us on

ProductSafety@springernature.com

In case Publisher is established outside the EU, the EU authorized
representative is:

Springer Nature Customer Service Center GmbH
Europaplatz 3
69115 Heidelberg, Germany